赤道の上に浮かぶ熱帯の島ボルネオ島。

上空からながめる大地は、

山や谷のない平坦な熱帯雨林が

どこまでもつづいている。

ボルネオ島は

マレーシア、ブルネイ、インドネシアの

3カ国が分けてもち、

僕は南側のインドネシア領を訪れた。

オランウータン
森のさとりびと
写真・文 前川貴行

ボルネオ島を訪れたのはオランウータンに会うため。

世界の大型類人猿４種のうち、ゴリラ、チンパンジー、ボノボはアフリカに生息し、オランウータンのみが東南アジアに生息している。

オランウータンは、ここボルネオ島に生息するボルネオオランウータンと、西隣のスマトラ島に生息するスマトラオランウータンとタパヌリオランウータンの３種に分類される。

野生のすべての大型類人猿を撮影しようと思っていた僕は、すでにゴリラとチンパンジーの取材を始めていて、次にとりかかるのはオランウータンと決めていた。

ジャングルにすむオランウータンは、枝をつかみやすい手足になっていて、生涯のほとんどを木の上ですごす地上最大の「樹上性哺乳類」だ。

鳥や卵、シロアリなどの昆虫を食べることもあるが、植物や果実がおもな食べ物。

果物、新芽、葉、茎、樹皮、樹液、キノコ、はちみつなどが好物。

家族で暮らすゴリラや群れで暮らすチンパンジーと異なり、オランウータンは基本的に単独で生きる。

だが子どもや若者のうちは、集まって遊んだり行動を共にしたりすることも多い。

大人どうしはあまり交流をしないものの、他のオランウータンを見分け、どこに誰がいるかわかっているといわれる。

ボルネオ島南部は、豊かな水をたたえた熱帯雨林から
いく筋もの川の流れがジャワ海へとそそいでいる。
オランウータンのすむジャングルに行くには、
そのうちの一つの川を半日ほどかけて船でさかのぼる。
生息地近くの港町で、
クロトックという屋形船のような船を借り切り、
ジャングルへ向けて出航した。

ジャングルでは、このクロトックの中で食事をし、寝泊りをする。
乗組員は船長、コック、手伝いの少年、そして撮影に同行するガイドの4名だ。
ガイドのバインはボルネオ生まれの青年で、ガイドになる前はレンジャーをしていた。
森に詳しくオランウータンとの接し方をよく知る、頼り甲斐のある気のいい男だ。

河口から上流に向かうにつれて、
川幅は徐徐にせまくなっていく。
水はタンニンを多くふくんでいるようで、
濃い紅茶のような色をしている。
川岸をおおう木木の上では、
テナガザルや大きな鼻をしたテングザルが、
枝から枝へ飛び移りながら
木の葉を食んでいる。

ここタンジュンプティン国立公園は、
昔からオランウータンの貴重な生息地だ。
1971年、
カナダ人のビルーテ・ガルディカス博士が、
この地にキャンプリーキーを開設した。
オランウータンの生態研究所であり、
保護されたオランウータンを
野生復帰させるリハビリ施設でもある。
彼女は野生のオランウータンを
長期にわたって観察すると同時に、
密猟されペットとして飼われていた
個体を引き取り、
野生下で生きられるようリハビリをおこなって、
数百頭もの孤児を森に返してきた。
さまざまな発見と
多くの研究成果をもたらした、
オランウータン研究のパイオニアである。

数時間かけて川をさかのぼり、
いくつかあるうちの
最初のフィールドに到着した。
川岸に船をつなぎ、
歩きだしたジャングルのなかは、
キーン、キーンと
甲高いセミの声音が鳴りひびく。
赤道直下の強烈な日差しは
木木にさえぎられ、
気温はそれほど高く感じないが、
大量の汗が吹き出してくる。

獣道をたどりしばらく進むと、
オレンジ色の塊が樹上に見えた。
この周辺で活動するオスのオランウータンで、
両頬がグッと張り出したフランジである。
フランジとは張り出した頬のことをいうのだが、
フランジの発達したオスそのものを指す意味もある。
オスには不思議な習性があり、
活動するエリアで立場が強くなると、
顔の側面が徐々に張り出して、
顔が大きくなっていく。
この現象は強くなったオスだけに限られ、
弱いオスはフランジができない。
ホルモンの影響だと思われるが、
そのメカニズムはまだ解明されていない。

大きなのどぶくろで声を共鳴させ、
ロングコールという雄叫びをあげるのも特徴だ。
メスをよぶためのアピールと、
付近にいる他のフランジオスに対して、
「オレはここにいるぞ」と
伝えていると考えられている。

体重が80キロ以上にもなる
巨大なフランジオスに近寄るのは
かなり気をつかう。
僕が危険な人間ではないことを、
分かってもらえるように心がける。
場所が変わればフランジオスも変わり、
それぞれの性格も異なる。
血気盛んな若いフランジもいれば、
穏やかな年老いたフランジもいる。
性格をよく見て
向き合わなければならない。

しかし、このジャングルは暑い。
太陽の近さと
猛烈な湿気のせいだ。
長袖長ズボンは
虫対策や怪我の予防として
大切なのだが、
いつも汗だくになるので、
しだいにTシャツと短パンという
格好になった。

気持ちよさそうに泳ぐ
テングザルの姿にさそわれ、
たまりかねて川に飛び込むと、
ほどよい冷たさの流れが、
瞬時に爽快な気分をもたらしてくれる。
岸で見ていたガイドのバインに、
「泳がないのか？」とたずねると、
「でっかいワニがうじゃうじゃいて、
この前ヨーロッパからのゲストが引きずり込まれて
いなくなっちゃったんだ」と首を振った。
それを聞いてなんだか嫌な気分になったので、
そそくさと川から上がることにした。

この島は日本からはだいぶ離れているが、
第二次世界大戦中に
島を植民地にしていた
イギリスとオランダから領地を奪い、
日本軍が占領していた。
はるばるこんな遠方まで足をのばし、
現地の人びととは無関係の国ぐにが争い、
多くの命を失ったのかと思うと、
やり切れない思いが込み上げる。

この地にすむ生き物たちも、
大きな被害を受けたことだろう。
野生動物たちは、
世界のあらゆる地域で
人間の営みに翻弄されながら、
かろうじて生き延びているのだ。

あるとき、
幼（おさな）い子どもを連れた
母子に出会った。

オスにくらべて
メスの体格は半分ほどで、
親しみやすい。

赤ちゃんは3年ほど母乳で育ち、
7〜10歳くらいになると
親離れする。

野生動物の親子がこれだけ長く
一緒にいることはめずらしい。

同じヒト科の仲間として、
人間に近いものを感じる。

オランウータンは
とても好奇心が強い。

人間を見なれた個体などは
撮影していると寄ってきて、
服を引っ張ったり、
髪をさわったりする。

立派なオスのフランジが、
獣道の脇に座っていた。
僕はゆっくりと近づいて、
50センチほどの距離までにじり寄り、
大きな体全体を
超広角レンズでとらえた。
肉眼では恐怖心が強くわくのだが、
カメラのファインダーを
のぞきながら近づくと、
不思議と怖さが薄れる。
殴られるかもしれないと
覚悟はしていたが、
そのオスは僕を
放っておいてくれた。

オランウータンと
見つめ合うことは、
とても素敵なコミュニケーションだ。

ニホンザルなどは怒りだすが、
大型類人猿は
穏やかに見つめ返してくれる。
言語を話さなくても、
気持ちのやり取りが
できるような気がする。

ボルネオ島とスマトラ島合わせて

7万頭前後が生息するとされるが、

100年前とくらべると

5分の1にまで数を減らしたと考えられている。

その理由は、展示用やペット用として

大量に密猟されつづけたことや、

大規模な森林火災の影響など。

さらにボルネオ島では、

パーム油を得るアブラヤシ農園を作るため、

ここ数十年の間に熱帯雨林が

恐ろしい勢いで切り開かれていることがある。

パーム油はさまざまな食品の他、

洗剤や塗料、シャンプーなどの原料となり、

世界で最も多く使われる植物油だ。

なかでもインドネシアの生産量は群を抜いて世界一。

日本にも輸入されていて、

僕らは知らず知らずのうちに

パーム油をたくさん使っている。

その一方、
行きすぎた開拓に歯止めをかけるため、
近年ではさまざまな保護活動が
活発になっている。
このままではいけないと考える
人や団体が増えてきているのは頼もしい。
でも、これまで受けたダメージは
あまりに大きく、
道のりは遠く険しい。

いろいろな種類の食べ物をもたらし、
他の個体と争いがおきない
十分な生息地を保ち、
心休まる人間の手うかずの
熱帯雨林がなければ、
樹上生活を営むオランウータンは
野生で生きていくことができない。
オランウータンだけでなく、
他の動植物や僕たち人間にとっても、
熱帯雨林は貴重で大切な自然。
欲望のおもむくままに進み、
地球が取り返しのつかない
ことになったら、
未来に生きる僕らの子どもたちに
なんと言い訳すればよいのだろう。

オランウータンたちは、
濃いオレンジの体毛が森の緑ととてもなじんでいた。
人に類する猿。
長い進化の歴史を僕ら人間と共有してきた親類。
島の民は愛情と畏敬の念をいだいて
彼らを「森の人」と呼ぶ。